西南地区建筑标准设计参考图集

曼宁家屋面系统图集

西南18J/C302

西南地区建筑标准设计协作领导小组
四川西南建标科技发展有限公司　　组编

西南交通大学出版社

· 成 都 ·

图书在版编目（ＣＩＰ）数据

曼宁家屋面系统图集／西南地区建筑标准设计协作
领导小组，四川西南建标科技发展有限公司组编. —成
都：西南交通大学出版社，2018.10
（西南地区建筑标准设计参考图集）
ISBN 978-7-5643-6449-6

Ⅰ. ①曼… Ⅱ. ①西… ②四… Ⅲ. ①屋面工程 – 图
集 Ⅳ. ①TU765-64

中国版本图书馆 CIP 数据核字（2018）第 221226 号

责 任 编 辑　　杨　勇
封 面 设 计　　曹天擎

Manningjia Wumian Xitong Tuji
曼宁家屋面系统图集

西南地区建筑标准设计协作领导小组
四川西南建标科技发展有限公司　　组编

出 版 发 行	西南交通大学出版社 （四川省成都市二环路北一段 111 号 西南交通大学创新大厦 21 楼）
发行部电话	028-87600564　　028-87600533
邮 政 编 码	610031
网　　　址	http://www.xnjdcbs.com
印　　　刷	四川煤田地质制图印刷厂
成 品 尺 寸	260 mm×185 mm
印　　　张	1.5
字　　　数	35 千
版　　　次	2018 年 10 月第 1 版
印　　　次	2018 年 10 月第 1 次
书　　　号	ISBN 978-7-5643-6449-6
定　　　价	15.00 元

院
王晓
编制
南山目
南艳面
南艳面
校核
编校 马添礼
编校（马李一丁
编审（马一一丁
编审 王晓

曼宁家屋面系统图集

西南18J/C302

主编单位：中国建筑西南设计研究院有限公司

实施日期：2018年7月1日～2021年7月3日

协编单位：曼宁家屋面系统（成都）有限公司

主 编 单 位 负 责 人

主编单位技术负责人

技 术 审 定 人

设 计 负 责 人

目　　录

总 说 明

1 编制依据

1.1 本图集主要依据下列标准、规范：

《屋面工程技术规范》 (GB 50345-2012)

《坡屋面工程技术规范》 (GB 50693-2011)

《倒置式屋面工程技术规程》 (JGJ 230-2010)

《屋面工程质量验收规范》 (GB 50207-2012)

《建筑设计防火规范》 (GB 50016-2014)

《建筑工程施工质量验收统一标准》 (GB 50300-2013)

1.2 当依据的标准规范进行修订或有新的标准规范出版实施时，本图集与现行工程建设标准不符的内容、限制或淘汰的技术和产品视为无效，工程技术人员在参考使用时，应注意加以区别，并应对本图集相关内容进行复核后选用。

2 适用范围

2.1 本图集适用于西南地区新建、改建、扩建的民用建筑和一般工业建筑中屋面结构为现浇钢筋混凝土板、钢结构厂房的有檩（无檩）体系的混凝土瓦屋面和既有建筑屋面平改坡等工程。

2.2 本图集适用于西南地区非地震区及抗震设防烈度≤8度的民用建筑和一般工业建筑。

2.3 混凝土瓦坡屋面的适用坡度见表1。

表1 混凝土瓦坡屋面的适用坡度

混凝土瓦型	适用坡度		
	%	角度	高跨比
平板瓦	≥41	≥22.5°	≥1:3.33
普通波形瓦	≥31	≥17.5°	≥1:3.33
超高拱波形瓦	≥30	≥16.7°	≥1:3.33

注：小于表中适用坡度使用混凝土瓦时，混凝土瓦不再承担防水功能，仅做为装饰层。

3 图集内容

本图集是根据曼宁家屋面系统（成都）有限公司提供的全干法凉爽通风屋面系统而编制的坡屋面建筑构造做法参考图集。主要为凉爽通风屋面系统构造做法和节点详图，包括嵌入式光伏屋面系统；屋面构造分为无檩体系和有檩体系坡屋面两种构造做法及详图。

4 选用说明

4.1 在本图集的屋面构造做法中设有防水垫层的坡屋面防水等级分为一级和二级（表2），并对同一种屋面构造做法用两个编号表示。两种防水等级对防水垫层材料的要求不同，但均需具备良好的钉孔自闭功能。没有防水等级要求的平改坡工程也可不设防水垫层。

表2 坡屋面防水等级

项目	坡屋面防水等级	
屋面防水等级	一级	二级
防水层设计使用年限	≥20年	≥10年

4.2 凉爽通风屋面系统使用在有檩体系中时，檩条可以兼做挂瓦条，檩条规格及间距由设计单位结构计算和最小搭接尺寸确定。在无檩体系中应用时，为确保施工质量，自粘聚合物沥青防水垫层需带钉孔自闭功能，且最小厚度不得少于1.5mm。

4.3 屋面瓦、防水涂膜或防水卷材（不包括干铺油毡）分别作为一道防水设防。

4.4 《坡屋面工程技术规范》对屋面防水等级为一级的坡屋面应选用的防水垫层种类和厚度做了规定，见表3。屋面防水等级为二级的坡屋面选材规范未作规定，可参照表3选用。

表3 一级设防瓦屋面主要防水垫层种类和厚度

防水垫层种类	厚度（mm）
自粘聚合物沥青防水垫层	≥1.0
聚合物改性沥青防水垫层	≥2.0
波形沥青板通风防水垫层	≥2.2
SBS、APP改性沥青防水卷材	≥3.0
自粘聚合物改性沥青防水垫层	≥1.5
高分子类防水卷材	≥1.2
高分子类防水涂料	≥1.5
沥青类防水涂料	≥2.0
复合防水垫层（聚乙烯丙纶防水垫层+聚合物水泥防水胶粘材料）	≥2.0（0.7+1.3）

4.5 保温隔热材料宜采用难燃和不燃材料，材料和厚度由个体工程按节能设计确定。

4.6 屋面坡度大于45°时，宜采用内保温隔热措施。

4.7 当抗震设防烈度大于7度时，每片屋面瓦应用专用螺钉加敲击抗风抗震搭扣固定。

4.8 混凝土瓦

4.8.1 混凝土瓦质量应符合《混凝土瓦》（JC/T746-2007）标准的规定。

4.8.2 混凝土瓦分为平板瓦、普通波形瓦和超高拱波形瓦。瓦的技术参数参考《混凝土瓦》（JC/T746-2007)的相关规定。

4.8.3 混凝土瓦选材宜选择抗渗性能、抗冻融性能和强度均优良的产品。

5 施工说明

5.1 混凝土瓦的固定

混凝土瓦通过挂瓦爪、螺钉（绑扎铜丝）及敲击抗风搭扣进行固定安装。

5.1.1 屋面坡度及混凝土瓦的固定要求见表4。

表4 屋面坡度及混凝土瓦固定要求

屋面坡度 a	瓦型	固定要求
$17.5° ≤ a < 22.5°$	平板瓦	周边瓦用2枚，其余部分用1枚专用螺钉固定
	波形瓦	周边瓦用专用螺钉固定
$22.5° ≤ a < 45°$	平板瓦	所有平板瓦用2枚专用螺钉固定
	波形瓦	周边瓦用专用螺钉固定，主瓦每隔一排用专用螺钉或敲击抗风搭扣固定
$45° ≤ a < 51°$	平板瓦	屋面瓦用2枚专用螺钉或用1枚专用螺钉加敲击抗风搭扣固定
	波形瓦	每片屋面瓦用专用螺钉加敲击抗风搭扣固定
$a ≥ 51°$		屋面瓦均用专用螺钉（平板瓦2枚）加敲击抗风搭扣固定

5.1.2 屋面坡度及敲击抗风搭扣的固定要求见表5。

表5 屋面坡度及敲击抗风搭扣的固定要求

屋面坡度 a	固定要求
$a<30°$	水平檐口及屋脊部位两排主瓦使用敲击抗风搭扣固定
$30°≤a<45°$	水平檐口及屋脊部位两排主瓦使用敲击抗风搭扣，其余部分每2到3片主瓦使用1个敲击抗风搭扣固定
$a≥45°$	所有屋面瓦均使用敲击抗风搭扣固定

5.1.3 所有混凝土瓦的固定件均采用耐腐防锈的不锈钢制品。

5.2 防水垫层的铺设

5.2.1 防水垫层宜采用自粘聚合物沥青防水垫层，且必须具备钉孔自闭功能。

5.2.2 防水垫层的铺设方向为：屋面坡度小于30°时，宜横向铺设；屋面坡度大于30°时，宜纵向铺设。

5.2.3 节点部位防水垫层附加层按相关规范执行，防水垫层搭接长度均为100，且相邻两排卷材短边接头相互错开300以上。

5.3 挂瓦条、顺水条与基层的固定

5.3.1 挂瓦条、顺水条与钢筋混凝土基层的固定做法。

1）顺水条（30×h，h由保温层厚度决定）用长度大于h+30的水泥钢钉固定于持钉层上（钢筋混凝土屋面板、细石混凝土保护层等），水泥钢钉间距不大于500，顺水条中距为450～600。

2）挂瓦条（30×30）采用长度50～60的钢钉固定在顺水条上，挂瓦条与顺水条相交处用钢钉固定；当屋面坡度大于22.5°时，挂瓦条间距不大于345，瓦间搭接不小于

75；屋面坡度小于22.5°时，挂瓦条间距不大于320，瓦间搭接不小于100。

5.4 功能性屋面中使用的辅助配件（见材料说明及节点详图）

5.4.1 凉爽通风屋面系统辅助配件有檐口挡蓖、檐口通风条、屋脊通风防水卷材、耐候性柔性泛水、脊瓦托木支架、脊瓦搭扣、敲击抗风搭扣、铝制排水沟、铝箔隔热防水垫层等。

5.4.2 屋面瓦与立墙之间的结合部位等节点需大面完成后施工，节点处理是由耐候性柔性泛水、泛水压线、膨胀钉和密封材料等组成。

5.5 混凝土排水沟瓦仅适用于屋面坡度在17.5°到45°之间的直线排水沟，当坡度小于17.5°或大于45°时，宜采用成品的铝制排水沟。

5.6 挂瓦条、顺水条均需经过防腐防火处理后才能使用。顺水条、挂瓦条可用钢质材料或及木质材料；用钢质材料时，需采用Q235级钢，并应作防腐防锈处理；用木质材料时，应采用Ⅰ、Ⅱ级木材，含水率不应大于18%，并作防腐防蛀处理。

5.7 为确保工程质量，对以下施工中的重点、难点应注意：

1）基层要求：砂浆找平层无起砂、不空鼓，整体平整度误差不超过±5；砂浆找平后需及时养护，防止找平层开裂。

2）防水垫层施工前，基层处理剂（冷底子油）必须涂刷到位，附加防水层的施工必须严格按规范执行。

3）保温层施工时，保温板必须紧贴顺水条，即采用先水条后保温板的施工顺序，保温板与顺水条间不得出现缝隙；顺水条截面尺寸需比保温板高5～10mm，以便于铝箔隔热防水刷到位，附加防水层的施工必须严格按规范执行。

4）保温层施工时，保温板必须紧贴顺水条，即采用先顺水条后保温板的施工顺序，保温板与顺水条间不得出现缝隙；顺水条截面尺寸需比保温板高5～10mm，以便于铝箔隔热防水垫层的安装。

5）铝箔隔热防水垫层施工时，卷材的铺设方向一定按纵向设置，且保证卷材在顺水条之间有自然垂落弧度，以利于导水；卷材搭接位置必须用同材质的铝箔胶带粘贴严密。

6）所有节点处理前（如屋脊、烟囱等），必须将瓦面等基层清理干净，避免浮尘等影响粘贴；节点迎水面的耐候性柔性泛水需做翻折处理。

6 其他

6.1 本图集尺寸单位除特别注明外均为毫米（mm）。

6.2 本图集未尽事宜，应严格按国家有关规范、标准的规定执行。

6.3 本图集中保温层材料以及吊顶做法由个体设计确定。

6.4 本图集所示檐沟纵向最小坡度为1%，雨水口和雨水管间距按单体设计确定。

6.5 本图集根据曼宁家屋面系统（成都）有限公司提供的坡屋面防水构造技术和坡屋面防水材料及施工技术资料编制。曼宁家屋面系统（成都）有限公司对其提供的产品技术性能及施工技术要求负技术和法律责任。

6.6 本图集主要用作施工，工程设计参考。

6.7 因国家相关规范修改、标准调整，将使本图集的规范性、

标准性、适用性受到影响，故本图集自正式出版发行起，有效使用期定为三年。

6.8 索引方法

做法参照西南18J/C302

节点编号

选用页次

编号	构造简图	材料及做法	编号	构造简图	材料及做法
①	一级防水有保温层（一）	1. 混凝土瓦 2. 防腐木挂瓦条30×30 3. 铝箔隔热防水垫层满铺 4. 防腐木顺水条30×h （内嵌保温板）@450～600 5. 自粘聚合物沥青防水垫层 6. 1：2.5砂浆找平层20 7. 现浇钢筋混凝土屋面板	③	突出式光伏屋面一级 防水有保温层	1. 太阳能光伏板 2. 混凝土瓦 3. 防腐木挂瓦条30×30 4. 防腐木顺水条30×h （内嵌保温板）@450～600 5. 自粘聚合物沥青防水垫层 6. 1：2.5砂浆找平层20 7. 现浇钢筋混凝土屋面板
②	一级防水有保温层（二）	1. 混凝土瓦 2. 保温挂瓦一体板（厚度由热工计算确定） 3. 自粘聚合物沥青防水垫层 4. 1：2.5砂浆找平层20 5. 现浇钢筋混凝土屋面板	④	内嵌式光伏屋面一级 防水有保温层	1. 屋面瓦内嵌太阳能光伏板 2. 防腐木挂瓦条30×30 3. 防腐木顺水条30×h （内嵌保温板）@450～600 4. 自粘聚合物沥青防水垫层 5. 1：2.5砂浆找平层20 6. 现浇钢筋混凝土屋面板

注：1. 挂瓦条的安装固定做法见说明和构造详图。

屋面构造

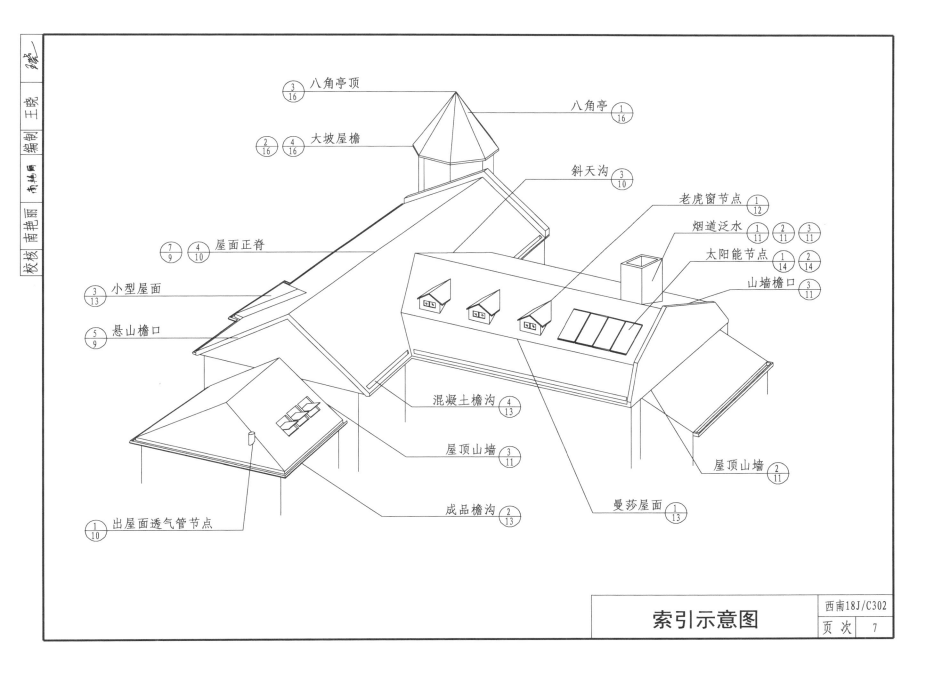

八角亭顶 $\frac{3}{16}$

八角亭 $\frac{1}{16}$

大坡屋檐 $\frac{2}{16}$ $\frac{4}{16}$

斜天沟 $\frac{3}{10}$

老虎窗节点 $\frac{1}{12}$

烟道泛水 $\frac{1}{11}$ $\frac{2}{11}$ $\frac{3}{11}$

太阳能节点 $\frac{1}{14}$ $\frac{2}{14}$

屋面正脊 $\frac{7}{9}$ $\frac{4}{10}$

山墙檐口 $\frac{3}{11}$

小型屋面 $\frac{3}{13}$

悬山檐口 $\frac{5}{9}$

混凝土檐沟 $\frac{4}{13}$

屋顶山墙 $\frac{3}{11}$

屋顶山墙 $\frac{2}{11}$

出屋面透气管节点 $\frac{1}{10}$

成品檐沟 $\frac{2}{13}$

曼莎屋面 $\frac{1}{13}$

索引示意图

西南18J/C302

页次 7

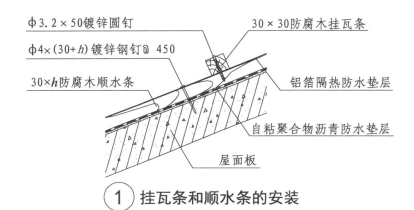

① 挂瓦条和顺水条的安装

ϕ3.2×50镀锌圆钉
ϕ4×(30+h)镀锌钢钉@450
30×h防腐木顺水条
30×30防腐木挂瓦条
铝箔隔热防水垫层
自粘聚合物沥青防水垫层
屋面板

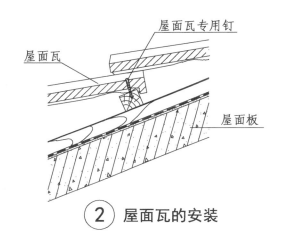

② 屋面瓦的安装

屋面瓦专用钉
屋面瓦
屋面板

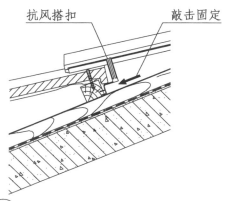

③ 抗风专用搭扣安装
固定方式详见第9页图6

抗风搭扣　敲击固定

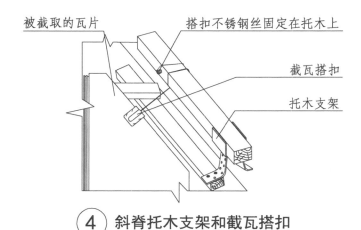

④ 斜脊托木支架和截瓦搭扣

被截取的瓦片
搭扣不锈钢丝固定在托木上
截瓦搭扣
托木支架

说明：1.1.5mm厚自粘聚合物沥青防水垫层剥离强度应不小于1.2N/mm。
2.抗风搭扣应采用304不锈钢且厚度不小于1mm。
3.铝箔隔热防水垫层近红外反射比不小于85%。

屋面固定和支撑件安装（一）

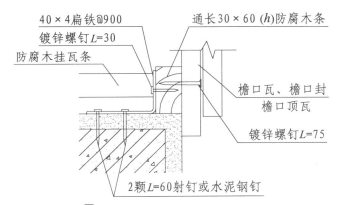

40×4扁铁@900
镀锌螺钉L=30
防腐木挂瓦条
通长30×60(h)防腐木条
檐口瓦、檐口封
檐口顶瓦
镀锌螺钉L=75
2颗L=60射钉或水泥钢钉

⑤ 檐口瓦的安装固定

上层瓦
下层瓦
防腐木挂瓦条
敲击抗风搭扣

⑥ 抗风搭扣

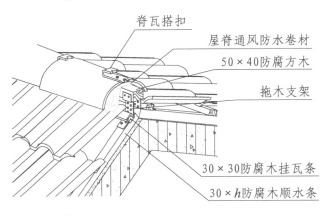

脊瓦搭扣
屋脊通风防水卷材
50×40防腐方木
拖木支架
30×30防腐木挂瓦条
30×h防腐木顺水条

⑦ 脊瓦搭扣的安装

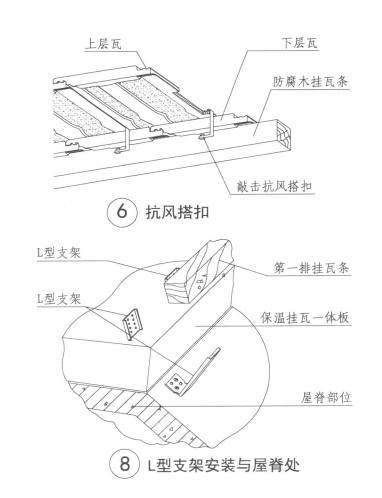

L型支架
第一排挂瓦条
L型支架
保温挂瓦一体板
屋脊部位

⑧ L型支架安装与屋脊处

说明：1.抗风搭扣采用304不锈钢且厚度≥1 mm 。

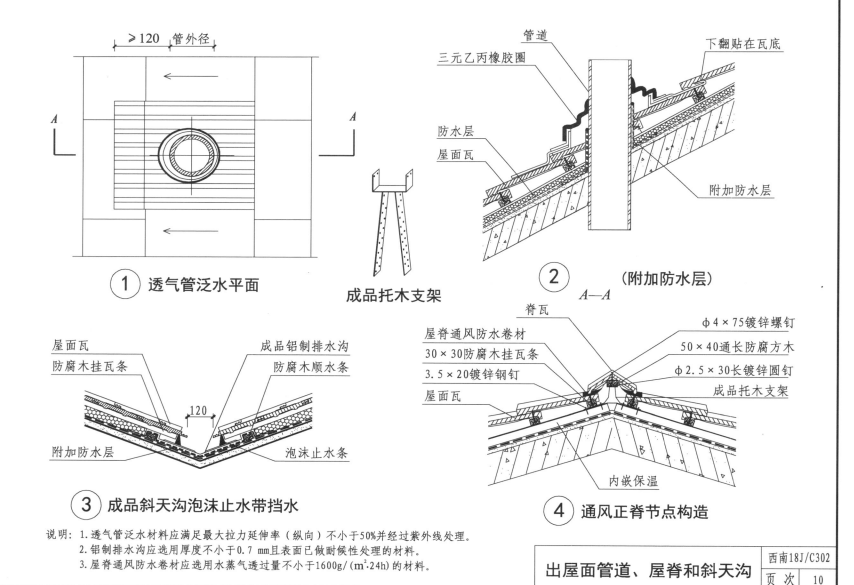

≥120 管外径

A A

① 透气管泛水平面

成品托木支架

管道
三元乙丙橡胶圈
下翻贴在瓦底
防水层
屋面瓦
附加防水层

② (附加防水层)

A—A

屋面瓦
防腐木挂瓦条
成品铝制排水沟
防腐木顺水条

120

附加防水层
泡沫止水条

③ 成品斜天沟泡沫止水带挡水

脊瓦
φ4×75镀锌螺钉
屋脊通风防水卷材
50×40通长防腐方木
30×30防腐木挂瓦条
φ2.5×30长镀锌圆钉
3.5×20镀锌钢钉
成品托木支架
屋面瓦
内嵌保温

④ 通风正脊节点构造

说明：1.透气管泛水材料应满足最大拉力延伸率（纵向）不小于50%并经过紫外线处理。
      2.铝制排水沟应选用厚度不小于0.7 mm且表面已做耐候性处理的材料。
      3.屋脊通风防水卷材应选用水蒸气透过量不小于1600g/（m²·24h）的材料。

西南18J/C302

出屋面管道、屋脊和斜天沟

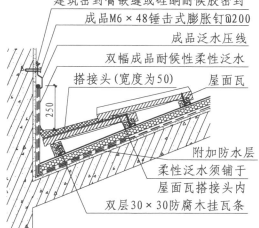

建筑密封膏嵌缝或硅酮耐候胶密封
成品M6×48锤击式膨胀钉@200
成品泛水压线
双幅成品耐候性柔性泛水
搭接头(宽度为50)
屋面瓦
250
附加防水层
柔性泛水须铺于
屋面瓦搭接头内
双层30×30防腐木挂瓦条

① 泛水节点(一)

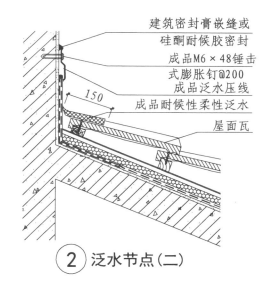

建筑密封膏嵌缝或
硅酮耐候胶密封
成品M6×48锤击
式膨胀钉@200
成品泛水压线
成品耐候性柔性泛水
150
屋面瓦

② 泛水节点(二)

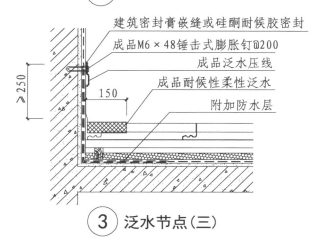

建筑密封膏嵌缝或硅酮耐候胶密封
成品M6×48锤击式膨胀钉@200
成品泛水压线
成品耐候性柔性泛水
≥250
150
附加防水层

③ 泛水节点(三)

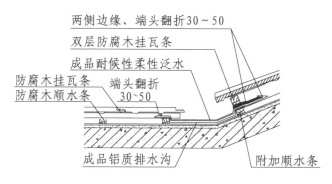

两侧边缘、端头翻折30~50
双层防腐木挂瓦条
成品耐候性柔性泛水
防腐木挂瓦条 端头翻折
防腐木顺水条 30~50
成品铝质排水沟
附加顺水条

④ 排水沟节点

说明:成品耐候性柔性泛水材料应满足相应的耐候性测试且延伸率不小于50%。

排水沟和泛水节点

西南18J/C302

页次 11

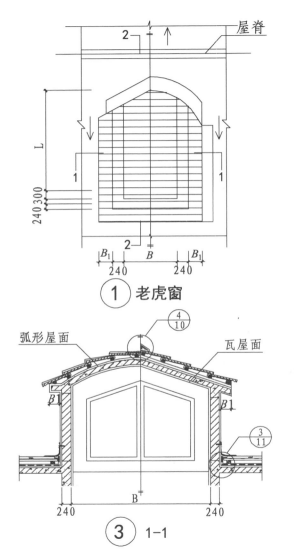

① 老虎窗

③ 1-1

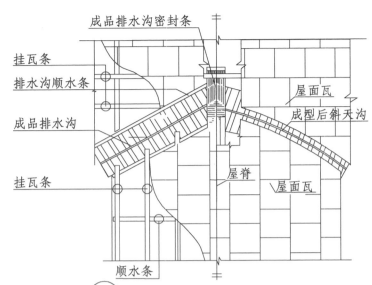

② 老虎窗屋脊斜天沟结合处平面

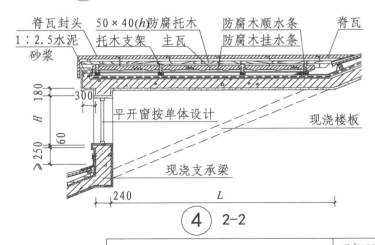

④ 2-2

说明：铝制排水沟应选用厚度不小于0.7且表面作耐候性处理的材料。

老虎窗节点

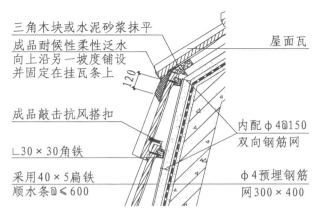

三角木块或水泥砂浆抹平
成品耐候性柔性泛水向上沿另一坡度铺设并固定在挂瓦条上
屋面瓦
120
成品敲击抗风搭扣
└30×30角铁
采用40×5扁铁
顺水条@≤600
内配φ4@150双向钢筋网
φ4预埋钢筋
网300×400

说明:当屋面坡度大于51°时,主瓦的固定详见总说明的要求。

① 曼莎屋面折坡

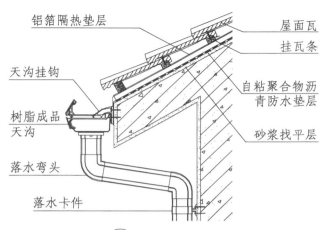

铝箔隔热垫层
屋面瓦
挂瓦条
天沟挂钩
树脂成品天沟
自粘聚合物沥青防水垫层
砂浆找平层
落水弯头
落水卡件

② 成品檐沟

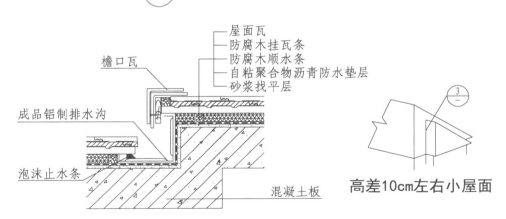

屋面瓦
防腐木挂瓦条
防腐木顺水条
自粘聚合物沥青防水垫层
砂浆找平层
檐口瓦
成品铝制排水沟
泡沫止水条
混凝土板

③ 小屋面阴角排水节点

③／

高差10cm左右小屋面

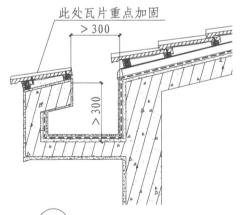

此处瓦片重点加固
>300
>300

④ 混凝土檐沟

说明:1.成品耐候性柔性泛水材料应满足相应的耐候性测试且延伸率不小于50%。
2.铝制排水沟应选用厚度不小于0.7且表面作耐候性处理的材料。
3.树脂落水为高耐候树脂且断裂伸长率不小于80%。

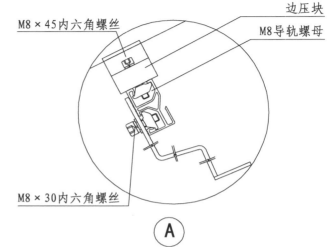

A

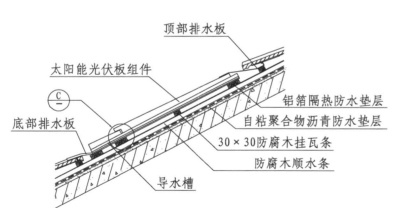

① **突出屋面安装方式**

② **内嵌式安装方式**

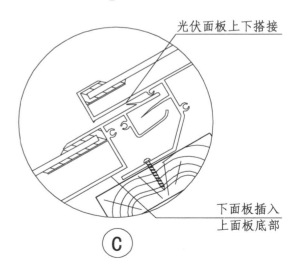

C

说明：1.光伏面板的玻璃需采用4 mm高透光性太阳能玻璃。
　　　2.排水板应注意坡度控制，以避免雨水倒流。
　　　3.光伏面板承重不低于500kg/m²。

光伏屋面（一）

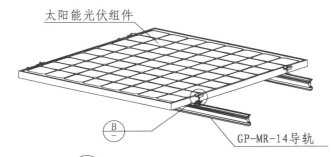

太阳能光伏组件

GP-MR-14导轨

$\overset{B}{\underline{}}$

① **突出式太阳能光伏透视图**

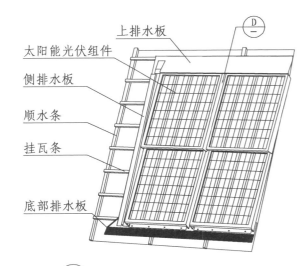

上排水板

$\overset{D}{\underline{}}$

太阳能光伏组件

侧排水板

顺水条

挂瓦条

底部排水板

② **内嵌式太阳能光伏透视图**

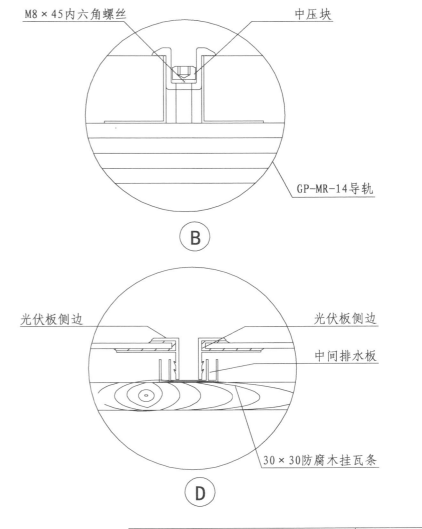

M8×45内六角螺丝　　　中压块

GP-MR-14导轨

Ⓑ

光伏板侧边　　　　　　光伏板侧边

中间排水板

30×30防腐木挂瓦条

Ⓓ

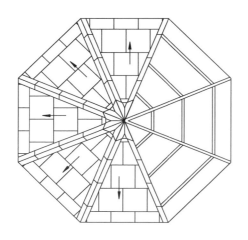

① 八角亭俯视图

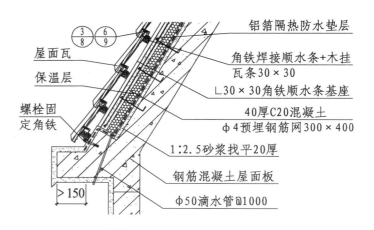

铝箔隔热防水垫层

屋面瓦

保温层

角铁焊接顺水条+木挂
瓦条30×30

∟30×30角铁顺水条基座

40厚C20混凝土
φ4预埋钢筋网300×400

螺栓固定角铁

1:2.5砂浆找平20厚

钢筋混凝土屋面板

＞150

φ50滴水管@1000

② 大坡度挂瓦装饰屋面

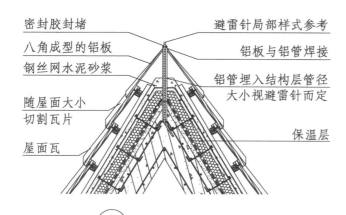

密封胶封堵

八角成型的铝板

钢丝网水泥砂浆

随屋面大小
切割瓦片

屋面瓦

避雷针局部样式参考

铝板与铝管焊接

铝管埋入结构层管径
大小视避雷针而定

保温层

③ 塔顶做法

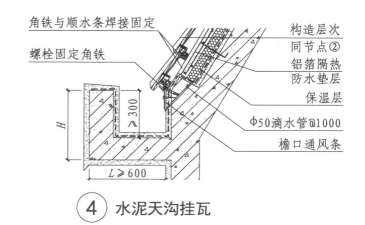

角铁与顺水条焊接固定

螺栓固定角铁

构造层次
同节点②

铝箔隔热
防水垫层

保温层

φ50滴水管@1000

檐口通风条

H

＞300

L≥600

④ 水泥天沟挂瓦

说明：1.抗风搭扣应选用不小于1mm厚的304不锈钢材质的金属件。
　　　2.坡度大于45°时，应加强保温层的固定或采用内保温系统。
　　　　瓦块、挂瓦条的固定应采取加强措施。

八角亭和大坡度屋面

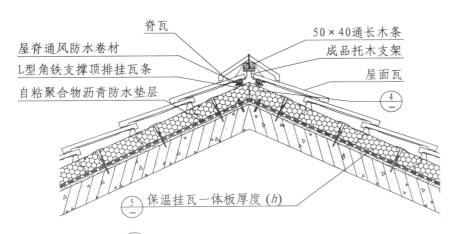

脊瓦
屋脊通风防水卷材
L型角铁支撑顶排挂瓦条
自粘聚合物沥青防水垫层
50×40通长木条
成品托木支架
屋面瓦
④
⑤ 保温挂瓦一体板厚度(h)

① 保温挂瓦一体板正脊做法

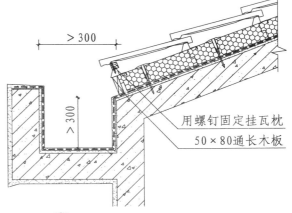

> 300
> 300
用螺钉固定挂瓦枕
50×80通长木板

② 混凝土天沟（倒置式屋面方案）

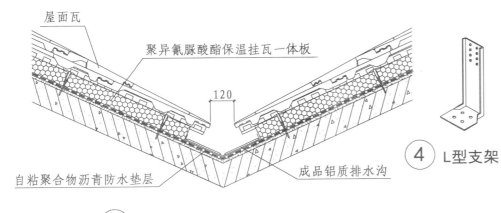

屋面瓦
聚异氰脲酸酯保温挂瓦一体板
120
自粘聚合物沥青防水垫层
成品铝质排水沟

③ 保温挂瓦一体板排水沟做法

④ L型支架

⑤ 聚异氰脲酸酯保温挂瓦一体板

说明：1.保温挂瓦一体板密度不低于40kg/m，抗压强度需达150kPa，抗弯强度需达200kg/m²。
2.保温挂瓦一体板耐火等级需达B1级。

保温挂瓦一体板屋面

构件名称	构件简图	构件尺寸 $B×L×H$ (mm×mm×mm)	构件名称	构件简图	构件名称	构件简图
混凝土屋面瓦	平板瓦	420×332	混凝土配件瓦	锥形脊(46)	混凝土配件瓦	锐脊封头(RF)
	丽兰瓦	420×332		锥脊斜封(34)		锐脊(DF)
	欧兰	420×332		三向锥脊(35)		三向锐脊(MF)
混凝土配件瓦	单向脊(48)	272×420×154		四向锥脊(40)		锐脊斜封(SF)
	檐口封(39)	138×345×148		锐脊檐口封(BF)		锐脊檐口封(CF)
	檐口瓦(36)	155×425×163				四向锐脊(YF)

屋面瓦、配件和规格

曼宁家公司简介

　　曼宁家隶属于BMI集团。BMI集团是欧洲最大的平屋面、坡屋面以及防水解决方案制造商，在欧洲、亚洲部分地区及南非市场均有优异的表现。BMI集团凭借一流的创新能力，实现屋面在可持续发展方面所有的潜能——不但实现客户当前需求，更兼顾未来的利益。集团目前在40个国家有超过11000名员工，2016年收入超过20亿欧元。150多家生产工厂遍布全球，目前集团总部位于伦敦。

　　曼宁家作为BMI设在中国的生产、经营机构，于1993年进入中国，开拓了中国混凝土瓦市场，以其丰富的屋面产品、完善的屋面系统方案成为屋面建材行业的领先企业。至今，曼宁家已先后在佛山、绍兴、北京、成都、苏州独资建成了5家大型现代化屋面生产基地，年产能2亿片以上，在中国市场占有率位列第一。

　　曼宁家旗下拥有知名注册品牌"英红"，该品牌于1993年开始在中国市场推广，现已获得了广泛的认可，对于许多的设计师、建筑师与用户来说，"英红"已经成为"混凝土瓦"的代名词。

曼宁家屋面系统（成都）有限公司
地址：四川省成都市金堂县迎宾大道一段292号
网址：www.monier.com.cn
电话：028-84936066